AF463239

COMITÉ CENTRAL AGRICOLE DE LA SOLOGNE

USAGES LOCAUX
DE LA SOLOGNE

RECUEILLIS ET RÉDIGÉS SOUS LES AUSPICES
DU COMITÉ CENTRAL AGRICOLE DE LA SOLOGNE

PAR

Anatole BASSEVILLE

AVOCAT

ANCIEN BATONNIER

PRÉSIDENT DE LA COMMISSION PERMANENTE DE LÉGISLATION
ET CONTENTIEUX DU COMITÉ

PRIX : 1 fr. 50

ORLÉANS

IMPRIMERIE AUGUSTE GOUT ET Cie

37-39, rue du Bourdon-Blanc

1918

COMITÉ CENTRAL AGRICOLE DE LA SOLOGNE

USAGES LOCAUX DE LA SOLOGNE

RECUEILLIS ET RÉDIGÉS SOUS LES AUSPICES DU COMITÉ CENTRAL AGRICOLE DE LA SOLOGNE

PAR

Anatole BASSEVILLE

AVOCAT

ANCIEN BATONNIER

PRÉSIDENT DE LA COMMISSION PERMANENTE DE LÉGISLATION ET CONTENTIEUX DU COMITÉ

PRIX : 1 fr. 50

ORLÉANS

IMPRIMERIE AUGUSTE GOUT ET Cie

37-39, rue du Bourdon-Blanc

1918

AVANT-PROPOS

Au moyen âge la France était divisée en deux parties distinctes, séparées à peu près l'une de l'autre par la Loire, et ces deux parties différaient tout à la fois par le langage et par la législation.

Cette différence, constatée par tous les historiens, trouve son explication dans l'influence exercée par les différents peuples qui envahirent à diverses reprises la Gaule ou se fixèrent sur son territoire.

Voisine de l'Italie, la Gaule du Midi, soumise depuis longtemps à la domination romaine, conservera l'empreinte de la civilisation du Peuple-Roi.

La Gaule du Nord, fréquemment visitée par les Barbares et où viendront se fixer les Francs, prendra quelque chose des mœurs, des habitudes et du langage des peuples du Nord.

La langue d'Oc, que parlera la France méridionale, aura avec l'idiome latin une affinité qu'il est encore aujourd'hui facile de saisir dans les chants des troubadours.

La langue d'Oil, parlée dans la France septentrionale et qui sera celle des trouvères, se ressentira davantage du voisinage des peuples du Nord.

Cette différence, que l'on remarque entre le langage de la

France du Midi et celui de la France du Nord, n'existera pas moins dans la législation.

Au Midi, c'est le Droit romain qui sera observé et qui tiendra lieu de loi.

Au Nord, ce seront les Coutumes, c'est-à-dire un ensemble de règles établies par l'usage général et constant et dont les lois Salique et Gombette seront les principaux types.

Aussi divisera-t-on également la France au point de vue de la législation en deux parties, le pays de droit écrit et le pays de droit coutumier.

Les coutumes étaient générales ou spéciales : les premières dont le nombre est évalué à soixante environ, régissaient une province entière ; des secondes Claude de Ferrière en compte plus de trois cents et, comme elles présentaient entre elles d'assez profondes différences, Voltaire disait que, lorsqu'un homme voyageait en France, il changeait de lois autant de fois qu'il changeait de chevaux.

L'abbé Fleury, dans son précis historique du Droit Français, signale les inconvénients de toute nature que présentait, au point de vue d'une sérieuse et équitable répartition de la justice, la diversité de toutes ces coutumes ; aussi la nécessité d'une législation unique et uniforme se faisait-elle sentir depuis longtemps ; des esprits sages et judicieux l'avaient tentée en certaines parties, avant que l'Assemblée constituante de 1790 la proclamât, comme en témoignent par exemple les ordonnances de 1667 sur la procédure civile, de 1673 sur le commerce, de 1681 sur la marine, toutes rendues sous l'inspiration de Colbert. Cette unité toutefois ne devait être réalisée que par la confection de nos Codes.

Les éminents jurisconsultes qui ont donné leur concours à cette œuvre gigantesque ont certainement cherché à rendre les Codes qui nous régissent aussi complets qu'ils pouvaient l'être ; mais il est facile de comprendre qu'il leur était impossible de tout prévoir, ou de tout régler, et qu'une foule de points devaient nécessairement demeurer abandonnés à l'usage ou à l'appréciation du magistrat.

L'usage devient ainsi, dit M. Dupin, le complément nécessaire de toutes les législations ; il est parfois si puissant sur l'esprit des populations, qu'il résiste aux changements, quand il ne les a pas préparés, et que souvent même il prévaut sur certaines lois écrites, dont l'abrogation par désuétude a pu être contestée en principe, mais a dû souvent être admise en fait (1).

Les usages sont malheureusement loin d'être uniformes : ils diffèrent suivant la situation des pays, les modes de culture qui y sont employés, les habitudes et les besoins de ceux qui y demeurent.

Les communes dont se compose aujourd'hui la Sologne, réparties en trois départements, ne sont et n'ont jamais été reliées entre elles par un lien commun soit administratif, soit religieux, soit judiciaire.

Autrefois, elles étaient régies les unes par la coutume de Blois, les autres par celle du Berry, quelques-unes par celle de Lorris, d'autres par celle d'Orléans, d'autres enfin par les nombreuses coutumes spéciales à des chastellenies et baronnies (2).

Le lien rattachant entre elles les communes de la Sologne résulte donc uniquement de la nature du sol. La Sologne n'a jamais été légalement limitée, il appartenait au Comité central

---

(1) L'usage a été consacré par le législateur lui-même : voir, par exemple, dans le Code civil les articles 390, 591, 593, 608, 645, 663, 671, 674, 1135, 1159, 1160, 1648, 1736, 1748, 1753, 1754, 1757, 1758, 1759, 1762, 1777 et encore les articles 2, 3, 6, 10, 14, section 11, de la loi des 21 septembre-4 octobre 1791 sur la police rurale, et 21 du titre 2 de la même loi.

(2) En ce qui concerne le Comté de Blois, outre les coutumes générales du pays et comté, il y avait les coutumes locales des baronnies et chastellenies sujettes du ressort du bailliage, et qui étaient les coutumes de Dunois, de la chastellenie de Romorantin, Millançay, Villebrosse et Billy, de la chastellenie de Mennetou-sur-Cher, de la chastellenie de Celles en Berry, de la chastellenie de Valançay, de la chastellenie de Vatan, de la baronnie de la rue d'Indre, de la baronnie de la Ferté-Imbault, de la terre et seigneurie de Souesmes, des terres et chastellenies de Levroux et Bouge, de Tremblevif, de la chastellenie, justice et seigneurie de Chabris, de la chastellenie de Molins en Berry, de la seigneurie et bailliage d'Autroche, et de la chastellenie de Villefranche-sur-Cher.

d'en fixer les limites; elles comprennent 126 communes, savoir : 75 en Loir-et-Cher, 29 dans le Loiret et 22 dans le Cher.

Sur les 75 communes faisant partie du Loir-et-Cher, Chaon, Chaumont-sur-Tharonne, Crouy, Dhuizon, La Ferté-Saint-Cyr, La Marolle, La Motte-Beuvron, Theillay, Thoury, Villeny, Vouzon, Yvoy, Nouan-le-Fuzelier, Neuvy, Neung-sur-Beuvron, Montrieux, Souvigny, étaient en totalité ou en partie régies par la coutume d'Orléans.

Par contre, Sennely du Loiret était régie par la coutume de Blois.

La coutume de Lorris régissait notamment, dans le Cher, les communes d'Argent et Aubigny, de la Chapelle-d'Angillon, de Clémont, et celle de Poilly dans le Loiret.

Le Ministre de l'Intérieur, par une circulaire du 16 juillet 1844, crut devoir appeler l'attention des Conseils généraux sur l'utilité qu'il y aurait de former un recueil des usages locaux de chaque département.

M. le Préfet de Loir-et-Cher, à la date du 12 juillet 1856, institua une commission dont la présidence fut confiée à l'honorable président du Tribunal civil de Blois, M. Burgevin.

Des questionnaires furent adressés aux Juges de Paix de chaque canton, ces magistrats étant plus à même que tous autres de faire connaître des usages qu'ils avaient journellement à appliquer.

Des procès-verbaux furent rédigés et livrés à l'impression en 1863; cette édition étant épuisée, il en fut fait une seconde en 1884.

Ces usages, imprimés en 1863, intéressaient tout le département de Loir-et-Cher; or, si ce département comprend dans ses limites la majeure partie de la Sologne, il renferme également une petite portion de la Beauce, du Perche et même du Berry; c'est la raison pour laquelle le Comité central confia à une commission le soin de recueillir de nouveau les usages locaux, mais les usages locaux uniquement de la Sologne, la chargeant de modifier et de compléter au besoin en cette partie le recueil de 1863.

Les Préfets des départements du Loiret et du Cher procédèrent de la même façon et les usages locaux de ces deux départements, qui contiennent aussi quelques cantons de la Sologne, ont été publiés, ceux du Loiret en 1905, ceux du Cher en 1907.

La Commission pensa elle-même que, pour rendre un travail de cette nature aussi complet et aussi parfait que possible, elle devait nécessairement, comme on avait fait en 1863, recourir aux lumières de ceux qui, par leurs fonctions ou la direction de leurs études, pouvaient lui fournir d'utiles renseignements.

Des exemplaires du recueil de 1863 ont été adressés aux juges de paix, aux notaires de la région ; une lettre circulaire fut envoyée à un assez grand nombre de personnes compétentes ; cet appel fut loin de répondre à notre attente et ne nous fut pas d'un grand secours.

Depuis la lecture par nous faite de cet avant-propos à l'une des séances du Comité central, M. Leguay, notaire honoraire, ancien juge de paix du canton de Mondoubleau, a fait paraître un recueil des usages locaux de Loir-et-Cher classés dans un ordre méthodique.

Ce travail, très complet d'ailleurs, auquel nous avons fait, nous nous plaisons à le reconnaître, d'utiles emprunts, ne fait que reproduire les procès-verbaux des commissions cantonales comme celui de 1863 et, comme celui-ci, il embrasse le département tout entier et, par conséquent, ne saurait remplir le but que s'est proposé le Comité central (1).

Le travail que nous présentons aujourd'hui est donc uniquement le résultat de nos recherches et de nos investigations personnelles et des renseignements qui nous ont été procurés, auxquels nous avons joint tous les documents de jurisprudence que nous avons rencontrés pouvant donner aux usages locaux une consécration juridique.

Enfin, avant d'être remis à l'imprimeur, notre travail a été

(1) Recueil des usages locaux du département de Loir-et-Cher, classés dans un ordre méthodique, par M. Leguay, notaire honoraire, ancien juge de paix de Mondoubleau (Loir-et-Cher) : Paris, imprimerie de la Société Géographique, rue Campagne-Première, 8, 1888, in-8°.

soumis à l'examen d'une commission composée d'un certain nombre de membres compétents du Comité (1) que nous remercions sincèrement, qui ont redressé quelques erreurs par nous commises et fourni des usages nouveaux et utiles qui avaient échappé à nos recherches.

Dans de telles conditions nous espérons que notre petit manuel des usages locaux de la Sologne pourra être consulté utilement et avec profit par les propriétaires et cultivateurs de la région.

---

(1) MM. Denizet, Raoul de la Giraudière, Larchevêque, Regnault de Beaucaron, Bellessort, Paul-Hazard et Marc.

USAGES LOCAUX DE LA SOLOGNE

ABEILLES

Il y a une distinction à faire entre les abeilles à l'état de liberté et celles qui sont elevées et entretenues dans les ruches.

Les premières ainsi que le miel et la cire qu'elles ont fabriqué appartiennent au premier qui s'en saisit, les secondes constituent une véritable propriété.

Le propriétaire d'un essaim a le droit de le réclamer et de s'en ressaisir tant qu'il n'a pas cessé de le suivre, autrement l'essaim appartient au propriétaire du terrain sur lequel il s'est posé (1).

Lorsqu'un essaim se pose dans un arbre creux et qu'on ne peut l'avoir sans endommager l'arbre, l'autorisation du propriétaire est nécessaire.

Les abeilles qui sont meubles par leur nature peuvent être considérées comme immeubles par destination, lorsqu'elles font partie de l'exploitation agricole.

Le nombre des ruches qu'un particulier peut avoir chez lui, n'est limité par aucune loi.

La distance à observer entre les ruches et les propriétés

---

(1) Il a même été décidé par un arrêt de la Cour de cassation, du 24 janvier 1877, que le propriétaire d'un essaim d'abeilles a le droit de le réclamer et de le ressaisir même dans un terrain clos, et que le propriétaire de ce terrain ne peut en refuser l'accès sous peine d'encourir la responsabilité du préjudice occasionné par suite de refus au propriétaire de l'essaim.

voisines est déterminée par les préfets en conformité de l'article 8 de la Loi du 4 avril 1889 et après avis des Conseils généraux.

Dans le cas où le préfet n'a pas prescrit les distances à observer, l'article 17 de la loi du 21 juin 1898, dispose que la mission de les déterminer incombe au maire de chaque commune.

Dans le Cher, les ruches ne doivent pas être placées à moins de 25 mètres des habitations, à 16 mètres des autres propriétés voisines et des chemins publics, et à 8 mètres de ces propriétés lorsque les ruches sont renfermées par une clôture (Usages locaux du Cher, n° 70).

Les propriétaires d'abeilles, soit qu'il n'existe pas d'arrêté, soit qu'il en existe et alors même qu'ils s'y seraient conformés, encourent une responsabilité civile à raison du dommage causé par les abeilles tant aux passants qu'aux voisins et même aux récoltes.

ARBRES. — ARBRISSEAUX.

Il ne paraît pas y avoir d'usages spéciaux concernant la distance à observer pour la plantation des arbres et des arbrisseaux, il faut donc appliquer en cette matière les dispositions des articles 671 et suivants du code civil lesquelles ont été maintenues par la loi du 20 août 1881 sur le code rural.

L'article 671 modifié est ainsi conçu : *Il n'est permis d'avoir des arbres, arbrisseaux et arbustes près de la limite de la propriété voisine qu'à la distance prescrite par les règlements particuliers actuellement existants, ou par des usages constants et reconnus, et, à défaut de règlements et usages, qu'à la distance de deux mètres de la ligne séparative des deux héritages pour les plantations dont la hauteur dépasse deux mètres, et à la distance d'un demi-mètre pour les autres plantations.*

Les arbres, arbustes et arbrisseaux de toute espèce peuvent être plantés en espaliers de chaque côté du mur séparatif, sans que l'on soit tenu d'observer aucune distance, mais ils ne pourront dépasser la crête du mur.

Si le mur n'est pas mitoyen, le propriétaire seul a le droit d'y appuyer ses espaliers. (Loi du 20 août 1891.)

Les dispositions relatives aux distances à observer, s'appliquent aux héritages en nature de bois comme aux héritages soumis à d'autres genres de culture et il n'y a pas à distinguer entre les bois de l'Etat et ceux des particuliers.

Il est de doctrine et de jurisprudence que le propriétaire qui a possédé depuis plus de trente ans des arbres de haute tige à moins de deux mètres du voisin a acquis par prescription le droit de les conserver à la place où ils se trouvent, sauf la faculté par le propriétaire voisin de couper les racines et de contraindre le propriétaire des arbres à couper les branches qui avancent sur sa propriété (1).

Article 672. — Le voisin peut exiger que les arbres, arbrisseaux et arbustes plantés à une distance moindre que la distance légale, soit arrachés ou réduits à la hauteur déterminée dans l'article 671, à moins qu'il n'y ait titre, destination du père de famille ou prescription trentenaire.

Si les arbres meurent, ou s'ils sont coupés ou arrachés le voisin ne peut les remplacer qu'en observant les distances légales.

Quant aux distances à observer, lorsqu'il s'agit de chemins vicinaux ou ruraux, elles sont fixées dans chaque département par des règlements généraux.

Dans le canton de La Ferté, lorsque les héritages sont clos de murs, que notamment ils sont en nature de jardins situés dans les bourgs, villes, faubourgs *quelle que* soit la clôture, les arbres à haute tige sont tolérés à une distance moindre que la distance légale.

Dans le canton de Beaugency ils le sont seulement si le terrain est clos de murs. (*Recueil des usages locaux du Loiret, arrondissement d'Orléans*, page 15.)

Article 673. — Celui sur la propriété duquel avancent les branches des arbres du voisin peut contraindre celui-ci à les couper. Les fruits tombés naturellement de ces branches lui appartiennent.

Si ce sont les racines qui avancent sur son héritage, il a le droit de les couper lui-même. Le droit de couper les racines ou de faire couper les branches est imprescriptible.

---

(1) Cassation du 10 juillet 1872 et 2 juillet 1877, Rouen, 11 mars 1869.

ARRHES

On désigne sous le nom d'arrhes ce que l'on donne pour assurer la conclusion ou l'exécution d'un marché.

Les arrhes sont d'usage principalement dans les marchés, entre les cultivateurs et marchands de bestiaux ou bouchers.

Les arrhes sont perdues pour l'acheteur s'il n'exécute pas le contrat, elles sont restituées au double par le vendeur, si c'est lui qui se refuse à l'exécution (article 1590, Code civil).

Les arrhes d'embauchage sont en usage dans toute la Sologne et servent à constater une convention de travail entre le propriétaire et l'ouvrier. L'ouvrier qui a reçu les arrhes est engagé à exécuter le travail à l'occasion duquel elles ont été remises.

On appelle encore arrhes ou pièce, ou denier à Dieu la petite somme d'argent que le maître remet au domestique au moment du contrat, elle sert à la fois à constater l'accord des parties et, s'il y a dédit, à rompre l'engagement.

Le dédit se paie de la pièce et par conséquent le maître perd la pièce qu'il a donnée, tandis que le domestique la rapporte au double.

Si le domestique n'entre pas chez le maître et garde néanmoins la pièce reçue par lui, il s'expose à être condamné à des dommages-intérêts, et même, s'il y a manœuvre frauduleuse, il peut encourir une peine correctionnelle pour abus de confiance et escroquerie.

On donne encore dans la région de Neung des arrhes pour location de maison ou de logement, et on observe la même règle que pour le louage des domestiques.

Le pot de-vin ou épingles, en usage dans beaucoup de contrées, ne doit pas être confondu avec les arrhes, le pot de vin ou les épingles constituant un supplément de prix.

Le pot de vin est une somme donnée en sus du prix par l'acheteur au vendeur, avant le versement du prix principal et comme preuve du marché conclu ; il ne dispenserait pas de l'exécution du marché, quand bien même l'acheteur consentirait à l'abandonner.

BAUX EN GÉNÉRAL. — BAIL A FERME

La durée des baux verbaux est uniformément d'une année pour les maisons, de trois ans pour les fermes, d'un an pour les pièces de terre détachées.

Le point de départ des locations verbales comme des baux écrits est généralement la Toussaint (1er novembre).

Il est d'usage à peu près invariable que le prix de location se paie par semestre, sans qu'il y ait rien d'obligatoire à cet égard. Si le bail est verbal, on paie à l'année.

L'assolement est généralement triennal, il comprend un tiers en gros grains, un tiers en menus grains, un tiers en guérets ou jachères.

Dans le canton de La Ferté, un tiers en menus grains et légumes.

Dans le canton de Sully, l'assolement est triennal pour les parcelles de terres louées isolément et lorsque, s'agissant d'une ferme, celle-ci ne comporte pas de troupeau de brebis, ou lorsqu'il existe sur la ferme une quantité de bruyères ou pacages non cultivés où les brebis paissent habituellement. Il comprend un tiers en froment, en méteil, en seigle ; un tiers en avoine de printemps ou orge de printemps (ou marsèche); un tiers en fourrages artificiels. Cependant, dans ce canton, il est certaines exploitations qui suivent un assolement quatriennal et quinquennal. (*Usages locaux du Loiret, arrondissement de Gien*, p. 20.)

Dans les régions de moutons, il est d'usage de renouveler les pacages en nature de bruyères en y mettant le feu.

Les façons sont au nombre de quatre :

1° Lever les terres en mars ou avril ; 2° rebourser fin mai ; 3° retailler en juillet ; 4° refendre en août.

Ensuite deux hersages, conduite du fumier. L'ensemencement

se fait du 15 septembre au 25 octobre pour les seigles, et pour les froments du 29 octobre à la Saint-Martin (11 novembre).

Pour les blés noirs ou sarrasins, les façons sont au nombre de deux : lever, rebourser, puis un hersage ; l'ensemencement a lieu du 20 juin au 10 juillet.

Pour les orges et avoines de saison, même façon que pour le sarrasin ; elles se font du 1er avril au 10 mai.

Les menus grains se sèment à la herse sur un seul labour.

Toutefois, dans quelques cantons, on ne sème l'orge qu'après deux labours.

Les prairies artificielles ou les secondes récoltes de menus grains exigent deux années de jachère.

Les bons blés doivent être faits sur fumure et recevoir trois labours plus les roulages et hersages.

La fumure est obligatoire pour tous les gros grains, mais la quantité de fumier à mettre par hectare varie suivant les cantons.

La quantité de marne qui doit être répandue par hectare est en général de quarante mètres cubes. Dans le canton de La Ferté, de vingt-cinq à trente mètres ; de quarante à cinquante mètres dans le canton de Jargeau ; de cinquante mètres dans le canton de La Chapelle-d'Angillon (Cher).

Après l'ensemencement on ouvre les blés, on cure les sillons suivant les pentes pour l'écoulement des eaux.

Congés. — Les *congés* doivent être donnés trois mois avant le terme pour les maisons ou logements. Pour les jardins, les prés, les parcelles de terre non assolées, et pour les fermes le congé est de six mois.

Dans le canton de La Ferté, ce délai n'est exigé que si le loyer est supérieur à quatre cents francs ; il est de quarante jours si le loyer est de quatre cents francs et au-dessous.

Le délai est de trois mois dans le canton de Sully, pour les termes de petite métairie inférieure à 3 hectares.

Dans le canton de Vierzon, le congé pour les baux de locatures d'un hectare et au-dessous, doit être donné trois mois francs avant l'époque de la sortie, et ce, bien entendu dans le cas où le Code civil l'exige.

Le délai de grâce accordé au locataire sortant pour céder les lieux est, pour les bourgs, de vingt quatre heures.

Dans le canton de Neung, le locataire doit remettre les clés le 2 novembre à midi, et, à toute autre époque, le lendemain du jour de l'expiration du bail.

S'il n'a pas été donné congé, le locataire de maison dont la présence a été tolérée durant les huit jours qui suivent l'époque de cessation du bail, peut prétendre droit, par tacite reconduction, à la continuation de sa location pour une durée égale à celle du bail et, à défaut de bail, pour une année.

Le fermier de terres non logées a le même droit après un délai de trois semaines et si, pendant ce délai, il a donné aux terres certaines façons ou fait certains travaux qui impliquent de sa part l'idée de jouir, comme, par exemple, s'il a conduit ou épandu des fumiers ou des engrais.

Le fermier sortant n'a droit, après sa sortie, à quoi que ce soit des dépendances de la maison d'habitation et des autres cénacles à l'occasion et pendant le temps de la récolte qui lui reste à faire.

Le battage des sarrasins ou blés noirs se fait à la volonté du fermier sortant, mais le plus ordinairement immédiatement après la récolte.

Celui des autres grains s'opère par le fermier sortant, un tiers aussitôt la moisson faite, un autre tiers vers Noël et le dernier tiers avant Pâques ; cet usage a été confirmé par un arrêt de la Cour d'Orléans, en date du 21 février 1896. Néanmoins l'emploi plus fréquent des machines tend à faire disparaître cet usage, et il est admis que le fermier sortant peut battre une ou deux fois et, pour la première fois, aussitôt après la récolte. Le fermier sorti, lorsqu'il ne fait pas emploi de moissonneuse-lieuse, est autorisé à battre, dans la grange de la ferme, les grains dont les pailles lui seront nécessaires pour la confection des liens.

Le fermier sortant doit laisser les deux tiers au moins des

pailles et litières, ainsi que les deux tiers des foins et fourrages.

Il doit également laisser, et ce, sans indemnité, la portion de fumier qu'il n'a pas utilisée et les balles que le fermier sortant doit permettre au fermier entrant de serrer à l'intérieur du bâtiment, s'il ne préfère le faire lui-même ; il doit en conséquence avertir son successeur des époques de battages. Dans tous les cas, c'est une obligation pour le fermier sortant de couvrir les balles pour les protéger de la volaille et des intempéries.

Les pailles doivent être bottelées et non les foins, à moins qu'il ne soit dû un compte fixé par le bail.

Le fermier, à la fin de son bail, ne peut emporter aucun des bois de chauffage que lui a remis le propriétaire ou qu'il a exploités sur la ferme (1).

Si le fermier modifie en cours de bail l'assolement, si notamment il a créé une quatrième sole, il est tenu l'année de sa sortie, de rétablir en contenances à peu près égales les soles qu'il a trouvées à son entrée et en s'abstenant de surcharger ses terres. Régulièrement les ensemencements du sortant doivent être terminés le 1er novembre, sauf le cas de force majeure.

---

(1) Le fermier sortant est tenu à l'enlèvement des plantations, constructions et ouvrages établis par lui si le propriétaire l'exige. Ce dernier au contraire a le droit de les conserver en remboursant la valeur des matériaux plus le prix de la main-d'œuvre. Si le propriétaire a fourni les matériaux, l'usage est que le fermier ne réclame rien pour la main-d'œuvre.

Il en est de même pour tous les objets fabriqués avec des bois ou autres matériaux fournis par le propriétaire, tels que les échelles, portes, barrières, clôtures, et qui restent au propriétaire.

En cas d'enlèvement des plantations, constructions et ouvrages établis par lui, le fermier sortant est tenu de remettre les lieux dans l'état où il les a pris ; c'est ainsi que s'il a planté une pineraie sur les terres de sa ferme et que le propriétaire ne la garde pas, ainsi qu'il en a le droit, le fermier doit en l'exploitant arracher convenablement toutes les souches pour que le sol puisse être remis immédiatement en culture.

Le fermier ne peut arracher ni une vigne, ni une pineraie avant de s'être assuré que le propriétaire n'entend pas la conserver.

Lorsqu'un fermier sortant a quelque empêchement de force majeure pour l'ensemencement de sa dernière récolte, il est d'usage de lui accorder un délai de six semaines après la sortie de sa ferme (canton de Neung-sur-Beuvron).

Les cas de force majeure sont, notamment, la sécheresse ou la trop grande humidité.

Il n'y a pas d'usage général, quant à la durée du délai, chaque cas particulier pouvant donner lieu à une solution différente.

Réparations locatives. — Article 1754 du Code civil.

L'aire des granges et l'aire des greniers non carrelés sont, quant à leur entretien et à leur réparation, charges locatives. Le fermier sortant doit laisser leur surface plane, nette de trous et fissures.

Le locataire de jardin ou le fermier est tenu, pour les arbres fruitiers, à leur entretien, échenillage, nettoyage, c'est-à-dire enlèvement des mousses, guis, branches mortes — il est tenu à renouveler les épinages ou ceintures d'épines placées autour des jeunes plants d'arbres soit fruitiers, soit autres, lorsque leur enlèvement provient de toute autre cause que de la vétusté ou la force majeure.

Le fermier ou locataire est tenu de laisser les auges de pierre ou de briques et les mangeoires en bon état, et d'en boucher les trous.

La réparation des bornes, heurtoirs et barrières est à la charge des locataires, quand le bris ne peut s'expliquer que par suite de mauvaise direction des voitures ou autre cause analogue.

L'entretien des grilles, des tuyaux qui alimentent les bassins, et l'entretien des échelles est à la charge du fermier. Il doit spécialement renouveler les rouellons ou barreaux qui viennent à se briser.

C'est au locataire à réparer les pierres d'éviers qui viennent à être cassées ou écornées durant le bail, et à entretenir les grilles.

Le preneur ou le fermier doit entretenir les murs et la cheminée des fours et fourneaux, ainsi que la voûte, intérieurement et extérieurement.

La réparation de l'aire ou carrelage, et celle de la fermeture ou bouche du four incombent au locataire.

Le fermier est tenu du curage et entretien des fossés ou rouères servant d'égouts aux terres louées; il a trois mois pour la mise en état des fossés, dans le canton de La Ferté.

Le curage des fosses d'aisances et puisards est à la charge du propriétaire, mais l'entretien des sièges et cuvettes incombe au locataire.

Ce dernier doit faire les réparations des âtres, contre-cœurs, chambranles et tablettes des cheminées, comme aussi pourvoir à leur ramonage.

Les carreaux et pavés des chambres doivent être réparés par le locataire, à moins qu'il n'établisse qu'il les a reçus en mauvais état ou qu'ils sont usés par vétusté.

Les âtres cassés ou fêlés doivent être remplacés par le locataire.

Le fermier sortant est obligé au nivellement des cours.

Le curage des puits, citernes, puisards doit être fait par le propriétaire, le locataire n'étant chargé que de l'entretien des cordes et de la manivelle, du piston, de la tringle de fer et du balancier s'il s'agit d'une pompe.

Dans les locatures et fermes la chaîne ou la corde du puits est fournie par le locataire ou fermier.

Par analogie la chaîne et les godets de la pompe sont apportés par les locataires ou fermiers.

Le recrépiment intérieur jusqu'à la hauteur d'un mètre dans la maison servant à l'habitation, jusqu'à la hauteur des mangeoires dans les écuries et étables est réputé réparation locative; il en est de même des réparations aux accessoires des portes et des fermetures, tels que gonds, targettes, ferrures, et de l'entretien des rateliers.

Enfin, d'une manière générale, pour tous les autres cas imprévus, les travaux d'entretien sont à la charge du propriétaire s'ils proviennent d'usure et à la charge du loçataire s'ils ont pour cause une cassure et une pièce brisée.

Le fermier est encore tenu d'entretenir les haies qu'il doit faire tondre au moins une fois l'an, d'étaupiner les prés, de les nettoyer d'accrues nuisibles, de bêcher à sa sortie les parties du jardin mises en culture ou laissées en friche.

Il ne peut mettre le feu dans les haies, même lorsque le bois lui appartient.

En ce qui concerne les réparations à faire dans les moulins, les dispositions de la coutume de Paris, forment encore aujourd'hui le droit commun de la France et elles doivent être appliquées, nous dit M. Guillouard dans son traité du Louage, toutes les fois qu'un usage contraire n'est pas nettement constaté ou que le bail n'y déroge pas ; il est bien entendu qu'il ne s'agit ici que de réparations aux moulins proprement dits, car pour les logements et édifices qui y sont annexés, les réparations locatives sont les mêmes que pour les maisons louées isolément.

Pour les moulins à eau, voici en quels termes généraux Desgodets indique les réparations à faire par le meunier :

« A l'égard des palis et vannes et généralement tous les tour-
« nants et travaillants, meules, câbles, harnais et ustensiles
« doivent être entretenus par le fermier locataire ; mais avant
« que d'entrer en jouissance, on fait un état et estimation de
« toutes ces choses et à la fin du bail on fait encore une esti-
« mation. Si l'estimation de la fin est plus forte que la pre-
« mière, le propriétaire rembourse le fermier du surplus ; et
« au contraire si la dernière estimation est plus faible, c'est le
« fermier qui rembourse le propriétaire. »

L'estimation dont parle Desgodets, s'appelle prisée ; elle est également applicable aux moulins à vent.

Nous n'entrerons pas dans le détail donné par Goupy, annotateur de Desgodets, des diverses choses de l'entretien desquelles le locataire du moulin est chargé, étant bien rare lorsqu'il s'agit de la location d'un moulin, qu'il ne soit pas fait de conventions écrites, auxquelles est annexé un état de *la prisée* établi par un ou plusieurs experts choisis par les parties.

Le délai accordé au locataire sortant pour mettre les lieux en bon état de réparations locatives est de huit jours à l'expiration de son bail, et si le locataire entrant laisse expirer un nouveau délai de huitaine sans réclamations aucunes, il est censé, sauf les circonstances exceptionnelles, avoir accepté les lieux.

Les délais ci-dessus ne sont applicables qu'aux baux de maisons, ils sont autres dans les baux de fermes.

Si, en effet, le fermier sortant n'a que huit jours pour les réparations d'intérieur des bâtiments servant d'habitation, il a, d'après l'usage, un délai plus considérable pour les réparations extérieures qui ont un moins grand caractère d'urgence pour le fermier entrant.

Ce dernier délai, qui varie suivant les circonstances, est le plus ordinairement de quarante jours, en tant qu'il s'agit des locaux dont le fermier entrant prend possession immédiatement après l'expiration du bail, tels que écuries et autres cénacles de même nature.

Le délai est également de quarante jours pour la mise en état de la cour et des fossés ; toutefois, en ce qui concerne les fossés des terres ensemencées en gros grains à la sortie du fermier, le délai de quarante jours ne part que du jour de l'enlèvement de la récolte sur ces terres.

En ce qui concerne les granges dont le fermier sortant peut disposer, même après l'expiration de son bail, à cause de la nécessité d'y laisser ses récoltes après sa sortie de la ferme, c'est dans le mois qui suit l'enlèvement de ces mêmes récoltes que le fermier sortant doit effectuer les réparations locatives, de telle sorte que les locaux affectés à l'engrangement du nouveau fermier soient prêts un mois avant l'époque de cet engrangement.

Les matériaux nécessaires pour les réparations locatives, ainsi que le travail de l'ouvrier, sont à la charge du locataire, sauf les terres nécessaires aux remblais des bâtiments et des cours de ferme, au rechargement des chaussées d'étang, qui se prennent sur la ferme à l'endroit indiqué par le propriétaire.

Les obligations aux réparations locatives et d'entretien incombent non seulement aux locataires, mais aussi à tous les occupants tels que gardes, régisseurs, jardiniers, basse-couriers, etc.

BAIL A COLONAT PARTIAIRE OU MÉTAYAGE

Le bail à colonat partiaire ou métayage est le contrat par lequel le possesseur d'un héritage rural le remet, pour un certain temps dont la loi ne fixe pas la durée, à un preneur qui s'engage à le cultiver sous la condition de partager les produits avec le bailleur.

Les conditions essentielles et générales de ce contrat sont fixées par les articles 1763 et 1764 du Code civil, par la loi du 17 juillet 1889 sur le Code rural, et par les usages locaux.

Depuis la promulgation de la loi du 17 juillet 1889, les articles 1774 et 1776 du Code civil n'ont plus guère leur application au colonat partiaire, ce contrat, par sa nature, constituant moins un louage qu'une association, c'est d'ailleurs à ce dernier point de vue que le considère aujourd'hui la loi.

Lorsque le bail est sans écrit ou lorsqu'au bail primitif a succédé un bail verbal, les deux parties ont la faculté de se séparer à l'expiration de chaque année, à la condition d'observer le délai d'usage pour la signification du congé (1).

Les fruits et produits se partagent par moitié s'il n'y a pas stipulation ou usage contraire. Dans les parties peu fertiles du Cher et du Loir-et-Cher, le partage des céréales se fait au tiers c'est-à-dire 2/3 pour le colon et 1/3 pour le bailleur et même au quart en ce qui concerne les menus grains.

Le bailleur est tenu à la délivrance et à la garantie des objets compris au bail. Il doit faire aux bâtiments toutes les réparations qui peuvent devenir nécessaires. Toutefois les réparations locatives ou de menu entretien occasionnées ni par la vétusté ni par force majeure, demeurent, à moins de stipulation contraire, à la charge du colon, lequel d'ailleurs à cet

(1) Cour de cassation, Chambre civile, 3 mars 1902.

égard est soumis à toutes les obligations spécifiées pour le fermier par les articles 1730, 1731 et 1768 du Code civil.

Il répond de l'incendie, des dégradations et des pertes arrivées pendant la durée du bail, à moins qu'il ne justifie qu'il a veillé à la garde et à la conservation de la chose en bon père de famille.

Il doit se servir des bâtiments d'exploitation qui existent dans les héritages, et résider dans ceux affectés à l'habitation.

Le bailleur a la surveillance des travaux et la direction générale de l'exploitation, soit pour le mode de culture, soit pour l'achat et la vente des bestiaux ; l'exercice de ce droit et son étendue peuvent être limités par les conventions du bail.

Les droits de chasse et de pêche appartiennent au propriétaire.

La mort du bailleur ne résout pas le bail à colonat, mais, si c'est le preneur qui meurt, la résiliation s'impose si elle est réclamée par ses représentants, elle a lieu le 1er novembre qui suit, s'il existe une période de six mois au moins jusqu'à cette date ; elle a lieu au 1er novembre de l'année suivante, dans le cas contraire. Les héritiers sont tenus de se conformer aux clauses du bail.

S'il a été convenu qu'en cas de vente l'acquéreur pourrait résilier, cette résiliation ne peut avoir lieu qu'à la charge par l'acquéreur de donner congé suivant l'usage des lieux.

Dans ce cas, comme dans celui qui précède, le métayer a droit à une indemnité pour les dépenses extraordinaires qu'il a faites, jusqu'à concurrence du profit qu'il aurait pu tirer pendant la durée de son bail ; la résiliation en cas de vente est régie, au surplus, par les articles 1743, 1749, 1750, 1751 du Code civil (1).

(1) Art. 1743. — Si le bailleur vend la chose, l'acquéreur ne peut expulser le fermier ou le locataire qui a un bail authentique ou dont la date est certaine, à moins qu'il ne se soit réservé ce droit par le contrat de bail

Art. 1749. — Les fermiers ou les locataires ne peuvent être expulsés qu'ils ne soient payés par le bailleur ou, à son défaut, par le nouvel acquéreur des dommages et intérêts.

Art. 1750. — Si le bail n'est pas fait par acte authentique, ou

Si au cours de la jouissance du colon la totalité ou une partie de la récolte est enlevée par cas fortuit, il n'y a pas d'indemnité à réclamer au bailleur; chacun d'eux supporte sa portion correspondante dans la perte commune.

Le bailleur exerce le privilège de l'article 2102 du Code civil sur les meubles, effets, bestiaux et portions de récolte appartenant au colon pour le paiement du reliquat de compte à rendre par celui-ci, mais ce privilège, d'après la loi restrictive du 19 février 1889, comme d'ailleurs pour les baux à ferme, ne s'exerce que pour les fermages des deux dernières années échues, de l'année courante et d'une année à partir de l'année courante.

Les indemnités dues par suite d'assurances contre l'incendie, contre la grêle, contre la mortalité des bestiaux et autres risques, sont attribuées, sans qu'il y ait besoin de délégation expresse aux créanciers privilégiés ou hypothécaires suivant leur rang, mais à condition que ceux-ci se soient fait connaître en faisant en temps utile opposition au paiement.

Le juge de paix prononce sur les difficultés relatives aux articles de compte, lorsque les obligations du contrat ne sont pas contestées, sans appel lorsque l'objet de la contestation ne dépasse pas le taux de sa compétence générale en dernier ressort et à charge d'appel à quelque somme qu'il puisse s'élever.

Le juge de paix statue sur le vu des registres des parties et peut même admettre la preuve testimoniale, s'il le juge convenable.

Toute action résultant du bail à colonat partiaire se prescrit par cinq ans à partir de la sortie du colon.

---

n'a point de date certaine, l'acquéreur n'est tenu d'aucuns dommages et intérêts.

Art. 1751. — L'acquéreur à pacte de rachat ne peut user de la faculté d'expulser le preneur jusqu'à ce que par l'expiration du délai fixé pour le réméré il devienne propriétaire incommutable.

BAIL IMPROPREMENT APPELÉ CHEPTEL

L'article 1831 du Code civil est ainsi conçu : « *Lorsqu'une ou plusieurs vaches sont données pour les loger et les nourrir, le bailleur en conserve la propriété : il a seulement le profit des veaux qui en naissent.* »

Ce contrat, plus connu sous le nom de vaches en place ou encore vaches en maison ou à moison, existe encore dans certaines parties de la Sologne, quoiqu'on le rencontre moins fréquemment qu'autrefois.

La durée de ce contrat est d'un an, il est soumis à la tacite reconduction ; son commencement et son expiration ne sont subordonnés à aucune date ou époque fixes ; celui qui a mis une vache en place peut la retirer quand bon lui semble, sans être tenu d'aucune indemnité ; il est, toutefois, d'usage de ne reprendre la vache que six semaines après la vente du veau.

Le bailleur a droit seul au veau. Le preneur a droit exclusivement à tous les autres produits de la vache.

Si le bailleur laisse passer six semaines sans vendre le veau, il est dû au preneur une indemnité journalière. La vache doit être rendue dans le même état qu'au moment de sa mise en place, c'est-à-dire pleine de tant de mois, ou à profit. Les frais de vétérinaire et de saillie incombent au propriétaire, qui doit supporter seul la perte partielle ou totale de l'animal. Le preneur doit faire saillir la vache au moment du rut.

Ce genre de contrat s'applique à tous les animaux sauf ceux de l'espèce chevaline (*Recueil des usages locaux du Loiret, arrondissement d'Orléans*, page 73).

Il est prudent, quand on place des animaux à moison, si le preneur n'est que locataire des immeubles où sont logés les animaux, de faire connaître le contrat au propriétaire. Sinon, si le preneur devenait insolvable, le bailleur pourrait être exposé à voir saisir les animaux qui lui appartenaient, en vertu du privilège inscrit dans l'article 2102 du Code civil, modifié par la loi du 19 février 1889, en faveur du propriétaire.

BOIS ET FORÊTS

Tout propriétaire est libre d'aménager ses bois comme il l'entend, aussi, les usages que nous allons relater ne sauraient-ils s'appliquer qu'aux usufruitiers.

Les taillis de chêne s'exploitent en Sologne de dix à quinze ans, ceux de bouleaux se coupent de dix à douze ans. Cette dernière essence s'exploite même à six ou sept ans, depuis qu'on en fait usage pour la confection des balais.

Les baliveaux sont et doivent être laissés, généralement, à raison de trente-deux par hectare, et ce, non compris les arbres fruitiers et les gènevriers, ainsi que les baliveaux anciens et modernes non marqués en délivrance.

Les truisses ou provenances des arbres têtards ou tètaux se coupent, pour les bois durs, chênes et autres arbres d'essence analogue, tous les neuf ans et par tiers, pour les saules, tous les six ans.

L'acquéreur d'un bois sur pied est tenu d'abattre tout le bois, le bon comme le mauvais.

Il est interdit aux ouvriers et aux voituriers chargés de la vidange des bois de se faire accompagner d'un chien.

Le chien est seulement toléré aux charbonniers à la condition qu'il soit attaché à la hutte qu'il doit garder.

Il n'y a pas d'usage proprement dit pour les pins, qu'on dépresse au fur et à mesure qu'ils deviennent trop épais en laissant les mieux venants. Cependant on dépresse généralement les pins maritimes, pour la première fois, vers la huitième année et, ensuite, tous les trois ans jusqu'à trente ans.

Pour les pins sylvestres, on distingue s'ils ont été semés ou plantés ; semés, le premier dépressage se fait de dix à douze ans ; plantés, à partir de la quinzième année, et ensuite tous les trois ou cinq ans.

En cas d'usufruit, l'usufruitier est en droit de couper à blanc étoc les maritimes seulement, à partir de la trente-cinquième année, en tenant compte de l'état de végétation et de maladie, et en observant les proportions dont userait un bon père de famille, et encore à la condition de replanter une étendue égale à celle abattue en essence résineuse, en usage en Sologne, et ce, dans les deux années qui suivent la coupe ; il est obligé, en outre, d'arracher les souches, s'il ne replante pas dans le même emplacement (1).

A l'égard des pins sylvestres et des autres résineux dont la durée est presque indéfinie, l'usufruitier ne peut procéder que par dépressage, sans jamais couper à blanc ; il doit laisser, par hectare, au moins huit cents pieds à trente ans et trois cents à soixante ans.

L'usufruitier peut résiner les pins maritimes, en observant les règles en usage pour le gemmage.

Les bois taillis sont dans tous les cantons abattus sur la souche à la cognée, le plus près possible de terre, en évitant d'éclater les souches, et sans écuisser.

La coupe du bois est commencée à partir du 15 novembre, lorsque les feuilles sont tombées.

L'abatage doit être terminé le 15 mars et l'exploitation le 15 mai, sauf pour les bois à écorcer ; l'écorçage doit être fini le 1er juin.

L'enlèvement des bois doit être terminé le 1er avril qui suit l'année de l'exploitation.

L'acquéreur d'un taillis ne peut faire du charbon qu'aux endroits désignés par le vendeur et on ne doit jamais cuire la charbonnette de pin dans les pineraies.

Les haies qui entourent les bois doivent être coupées en même temps que le bois.

Les arbres, autres que les chênes, existant dans les haies ou plantés sur les bords des ruisseaux, fossés et chemins, ou épars dans les champs et plus spécialement dans les pâtureaux,

---

(1) Jugement du tribunal du Nîmes, 3 juillet 1911 ; cassation 17 juillet 1911.

doivent être ainsi que les ormes et peupliers, élagués tous les 5 ou 6 ans et à des délais plus rapprochés pour les ormes et peupliers, lorsque leurs branches, coupées vertes au mois d'août, sont réunies en petits faisceaux et séchées pour servir sous le nom de feuillards à la nourriture des moutons.

Il est interdit de faire pâturer les bestiaux dans les bois; autrefois, cependant, il était permis d'y conduire le troupeau en hiver, après quatre ans et un mai, mais cet usage, qui subsistait encore dans quelques contrées, paraît tombé en désuétude.

Il est absolument interdit de se livrer dans les bois à la recherche des champignons et des œufs de fourmis ; cette interdiction s'étend même à tout produit naturel des bois.

L'article 144 du Code forestier est en effet ainsi conçu :

« *Toute extraction ou enlèvement non autorisé de pierres, sable, minerai, terre ou gazon, tourbe, bruyères, genêts, herbages, feuilles vertes ou mortes, engrais existant sur le sol des forêts, donnera lieu à des amendes de 2 à 5 francs par bête attelée ; de 1 franc à 2 fr. 50 par bête de somme ou de 1 franc par charge d'homme.*

« *L'extraction ou l'enlèvement non autorisé de glands, faînes et autres fruits et semences des bois et forêts donnera lieu au maintien des amendes prévues au paragraphe précédent.* »

La doctrine et la jurisprudence sont unanimes pour reconnaître premièrement que cet article s'applique aussi bien aux propriétés privées qu'à celles du domaine de l'État; secondement, que l'énumération de l'article 144 du Code forestier n'est pas limitative, mais qu'elle embrasse tous les fruits quelconques, même ceux qui ne sont pas les produits directs des arbres comme, par exemple, la mousse, les ronces, le gui, la gomme, les œufs de fourmis, les champignons, les morilles, les truffes, et, généralement, toute végétation qui se forme naturellement dans les bois.

De nombreuses décisions dans ce sens ont été rendues (1).

La pièce au garde est un tant pour cent que le propriétaire accorde parfois au garde ou laisse percevoir par lui à titre d'augmentation éventuelle de salaire, sur les bois exploités. Cette pièce est basée sur le prix des bois exploités pris dans la vente; si le bois est vendu rendu en gare de départ ou d'arrivée on déduit du prix les frais de transport.

---

(1) Cassation 4 février 1841, Cassation 24 novembre 1848, Amiens 25 Janvier 1861 ; Nimes 11 février 1893, Grenoble 11 janvier 1906 et particulièrement pour les œufs de fourmis et les champignons ; Paris, 3 juin 1866, 30 novembre 1872 ; Orléans, 17 janvier 1893 et tout récemment deux jugements rendus par le juge de paix de Neung, 3 septembre 1912 (Comité central tome XV, page 388).

BORNAGE

Le bornage est une opération qui consiste dans la plantation de bornes pour limiter les héritages ou dans le rétablissement et la reconnaissance des anciennes.

On borne généralement par de simples pierres, plantées d'accord entre les parties, au pied desquelles bornes on enfonce du charbon de bois, ou de l'ardoise, ou une tuile cassée en plusieurs morceaux se rapportant, signes que l'on appelle témoins ou garants.

Indépendamment des bornes de pierre, on considère comme bornes, dans le vignoble, de vieux ceps de vigne et, ailleurs, ce qu'on appelle des marmenteaux.

Les marmenteaux sont des pieds d'arbres étêtés à une hauteur qui varie depuis 30 jusqu'à 60 centimètres dans certains cantons et depuis 50 centimètres jusqu'à 1 mètre dans d'autres, d'essences diverses, laissés comme limites après l'arrachage des haies séparatives, ou l'exploitation des bois limitrophes.

On borne encore dans certaines contrées, et plus particulièrement dans la région de Souesmes, avec des entretoises ou sauterelles ; on appelle ainsi une amorce de fossé établie surtout aux angles et parfois dans le cours des lignes, à intervalles plus ou moins rapprochés suivant la longueur du terrain, le milieu de l'entretoise étant la limite des propriétés riveraines.

Les bornes en pierres sont placées à la limite extrême des héritages, mais les autres bornes emportent avec elles une certaine distance qui varie suivant l'essence.

L'aubépine ou épine blanche emporte une distance de cinquante centimètres du milieu des marmenteaux.

Les chênes, ormes et autres arbres emportent 1^{m} 787 millimètres du milieu de l'épaisseur de l'arbre, quand il est laissé des arbres comme témoins, la ligne séparative est prise uniformément.

Les ceps de vignes anciens pris comme bornes emportent des distances différentes suivant les communes.

Sur la rive gauche de la Loire, la distance est de 65 centimètres (2 pieds) de la ligne séparative, de façon qu'entre les souches des deux voisins il doit y avoir un espace libre de 1 mètre 30.

A Romorantin, les souches des deux voisins sont plantées à 50 centimètres, de manière à laisser entre les souches un espace libre de 1 mètre.

Aux termes de l'article 646 du Code civil, tout propriétaire peut obliger son voisin au bornage de leurs propriétés contiguës.

Le bornage se fait à frais communs; le droit de demander le bornage est imprescriptible.

L'action en bornage, faute d'entente amiable, est portée devant le juge de paix du canton où sont placés les fonds contigus à borner.

La contiguïté est obligatoire; si elle est contestée, le juge de paix est compétent pour statuer sur cette contestation ; tous les genres de preuves pour l'établir sont admissibles et le juge de paix peut apprécier et interpréter les titres.

Le juge de paix n'est plus compétent lorsque la propriété ou les titres qui l'établissent sont contestés.

La suppression ou le déplacement des bornes constitue un délit qui tombe sous l'application de l'article 456 du Code pénal ainsi conçu :

« *Quiconque aura supprimé ou déplacé des bornes ou pieds corniers ou autres arbres plantés ou reconnus pour établir les limites entre divers héritages, sera puni d'un emprisonnement qui ne pourra être au-dessous d'un mois ni excéder une année et d'une amende qui ne pourra être au-dessous de cinquante francs.* »

CARRIÈRES

Les carrières appartiennent au propriétaire du sol.

Il y a deux modes d'exploitation des carrières : soit par l'emploi de galeries souterraines soumises, par l'article 82 de la loi du 27 juillet 1880, à la surveillance de l'administration dans les conditions prévues pour l'exploitation des mines, par les articles 47, 48 et 50 de la même loi ; soit par l'exploitation à ciel ouvert, qui a lieu en vertu d'une déclaration faite au maire de la commune, transmise par ce dernier au préfet et soumise à la surveillance administrative pour l'observation des lois et règlements généraux.

Cette déclaration est faite en double exemplaire ; elle contient les noms, prénoms et demeure du déclarant, la distance de la carrière aux chemins publics, cours d'eau et habitations, le lieu où se trouve la carrière et la nature des matériaux à extraire. Un exemplaire de cette déclaration reste à la mairie, l'autre est envoyé à la préfecture.

Aux termes du décret du 10 février 1892 réglementant pour le département du Loiret l'exploitation des carrières à ciel ouvert ou par galeries souterraines, les bords des fouilles ou excavations ne peuvent être établis et tenus à une distance horizontale moindre de dix mètres des bâtiments ou constructions quelconques publics ou privés, des routes ou chemins, cours d'eau, canaux, fossés, rigoles, conduites d'eau, mares et abreuvoirs servant à l'usage public.

Cette distance est augmentée d'un mètre par chaque mètre de profondeur.

La distance pour l'ouverture des carrières, sablières, marnières entre propriétés privées doit être uniformément ramenée à deux mètres en ce qui concerne celles exploitées à ciel ouvert.

Lorsque le propriétaire a ouvert lui-même une carrière de cailloux ou de sable, l'administration ne peut plus occuper temporairement dans la même parcelle ni utiliser la carrière pour son propre compte, elle peut seulement acheter le produit en laissant au propriétaire ce dont il a besoin.

CHEMINS ET SENTIERS D'EXPLOITATION (1)

Les chemins et sentiers d'exploitation sont ceux qui servent à la communication entre divers héritages ou à leur exploitation.

Ces chemins, aux termes de la loi du 20 août 1881, sont en l'absence de titres, présumés appartenir aux propriétaires riverains chacun au droit de soi, mais l'usage en est commun à tous les intéressés. L'usage de ces chemins peut être interdit au public.

Tous les propriétaires, dont ces chemins desservent les héritages, sont tenus les uns envers les autres de contribuer dans la proportion de leur intérêt aux travaux nécessaires à leur entretien et à leur mise en état de viabilité. Les intéressés ne peuvent s'affranchir de cette contribution d'entretien, qu'en renonçant à leurs droits, soit d'usage, soit de propriété, sur lesdits chemins.

Le juge de paix statue, sauf appel, s'il y a lieu, sur toutes les difficultés relatives à ces travaux.

La suppression de ces chemins et sentiers ne peut avoir lieu que du consentement de tous les propriétaires qui ont le droit de s'en servir.

Si tous sont d'accord, le sol en est réparti entre les co-propriétaires riverains.

Il a même été jugé qu'aucun propriétaire ne peut, soit

---

(1) Les chemins ruraux étant régis par la loi du 20 août 1881 nous n'avons pas eu à nous en occuper, il est seulement fait observer : 1° que le cadastre indiquant tous les chemins tant publics que privés, le fait qu'un chemin figure au cadastre n'implique pas que ce chemin soit un chemin rural ; 2° que ne sont imprescriptibles que les chemins reconnus en vertu et dans les délais de la loi du 20 août 1881.

changer la direction de ces chemins, soit en diminuer la largeur, sans le consentement de tous les autres propriétaires.

Toutes les contestations relatives à la propriété et à la suppression de ces chemins et sentiers sont jugés par les tribunaux civils.

DISTANCE ET OUVRAGES INTERMÉDIAIRES POUR CERTAINES CONSTRUCTIONS

Atres et cheminées. — Pour l'établissement d'une cheminée contre un mur mitoyen il doit être fait un contre-mur de 16 centimètres d'épaisseur.

La même obligation existe pour un fourneau ou une forge.

Cloaques et puisards. — Celui qui veut faire sur son terrain un cloaque ou un puisard est tenu de le séparer de la propriété de son voisin, par une distance telle qu'il n'en puisse résulter aucun inconvénient pour ce dernier.

La distance suivant l'article 17 de la coutume de Paris doit être de 2 mètres.

Les trous à fumier sont assujettis à la même distance que les cloaques et puisards.

Ecuries. — Si l'on veut construire une écurie contre un mur mitoyen, on doit faire un contre-mur de 22 centimètres d'épaisseur jusqu'à la hauteur de la mangeoire.

Murs de soutènement. — Lorsque le long d'un mur mitoyen ou non, le sol d'un côté est en contre-haut et forme terrasse, le propriétaire du terrain le plus élevé doit faire un contre-mur d'épaisseur suffisante pour empêcher la poussée des terres.

Quand c'est dans l'intérêt du propriétaire du fonds inférieur que la différence de niveau a été établie, le propriétaire de ce fonds fait établir à ses frais le mur de soutènement d'épaisseur convenable et il est tenu à l'entretien.

Fours à cuire le pain. — Celui qui construit un four près d'un mur mitoyen ou non, doit laisser un espace vide de 17 centimètres qu'on appelle *tour de chat* ou un contre-mur d'au moins pareille dimension.

Fosses d'aisance. — La distance varie selon la nature de l'héritage voisin. Lorsqu'il y a un puits sur cet héritage la fosse d'aisance doit en être distante de 3 mètres avec contre-mur en ciment d'au-moins 50 centimètres d'épaisseur.

Lorsqu'il n'y a sur l'héritage voisin ni puits ni réservoir la distance est de 2 mètres.

DISTANCE POUR LES DÉPOTS DE PAILLES, MEULES DE GRAINS, FOURRAGES, BOURRÉES, FAGOTS, JAVELLES

La coutume de Paris fixe cette distance à 100 mètres des bâtiments.

L'arrêté d'un maire de Loir-et-Cher qui l'avait fixée à 20 mètres et même à 30 mètres a été annulé par le préfet comme étant trop contradictoire avec la coutume de Paris.

La jurisprudence a fixé la distance à 100 mètres, néanmoins un maire de Loir-et-Cher a pris, le 10 septembre 1898, un arrêté interdisant de placer des meules de paille et de fourrages à une distance moindre de 50 mètres. Cet arrêté a été approuvé par le Préfet le 10 octobre 1898 et il a servi de base à plusieurs jugements rendus depuis dans le département; il consacre donc en quelque sorte, la jurisprudence en Loir-et-Cher pour 50 mètres.

ÉGOUT DES TOITS

Aux termes de l'article 681 du Code civil, tout propriétaire doit établir des toits, de manière que les eaux pluviales s'écoulent sur son terrain ou sur la voie publique ; il ne peut les faire verser sur le terrain de son voisin.

Outre les gouttières et tuyaux généralement employés, le propriétaire, pour remplir l'obligation que lui impose le législateur, peut laisser entre le pied de son mur de clôture ou de son bâtiment et la ligne séparative une certaine distance.

Cette distance est, dans les cantons d'Orléans-Sud et de La Ferté, déterminée par le fil à plomb de la saillie de la couverture du mur accrue d'une largeur égale ; elle est de 50 centimètres dans le canton de Cléry ; de 60 centimètres dans le canton de Beaugency ; pour les bâtiments, de 40 centimètres dans le canton de Châteauneuf ; pour les murs de clôture, de 20 centimètres dans le même canton (*Recueil des usages locaux du Loiret, arrondissement d'Orléans*, page 11.)

Dans le canton de Neung-sur-Beuvron, le propriétaire est obligé de laisser entre lui et son voisin une distance égale, et en sus, à celle qu'il se propose de donner à la saillie de son toit. En conséquence, tout propriétaire d'une basse goutte est censé posséder le long de son mur qui la supporte une distance double de la saillie de son toit.

Dans le canton de Salbris, pour les maisons bâties avant la promulgation du Code civil, le propriétaire voisin est obligé de souffrir le droit d'égout, mais il a la jouissance du fonds servant à recevoir l'égout. Quant aux constructions nouvelles, celui qui veut avoir l'égout doit laisser un espace de terrain d'une largeur double de l'avancement qu'il veut donner à la toiture. Cette largeur est ordinairement de 50 centimètres (*Recueil des usages locaux de Loir-et-Cher*, par Leguay, pages 68 et 69.) Cet usage n'est plus guère usité.

ENCLAVE

Le propriétaire dont les fonds sont enclavés et qui n'a sur la voie publique aucune issue ou qu'une issue insuffisante peut réclamer un passage sur les fonds de ses voisins, à la charge d'une indemnité proportionnelle au dommage qu'il peut occasionner (article 682 du Code civil). Toutefois, l'action en indemnité dans le cas prévu par l'article 682 est prescriptible et le passage peut être continué, quoique l'action en indemnité ne soit plus recevable.

Le passage doit être pris du côté où le trajet est le plus court du fonds enclavé à la voie publique.

Néanmoins, il doit être fixé dans l'endroit le moins dommageable au propriétaire sur le fonds duquel il est accordé.

A Romorantin, les chemins établis pour servir de passage à pied seulement, doivent avoir au moins un mètre de largeur; avec chevaux, voitures et bestiaux, la largeur est d'au moins trois mètres.

Dans le canton de Beaugency, le passage de piéton avec brouettes a la largeur de un mètre, le passage est de deux mètres dans le canton de La Ferté; le passage pour voitures a une largeur de deux mètres dans les cantons de Beaugency et de Jargeau (*Usages du Loiret*, page 59).

A Salbris, les servitudes de passage, traite, issues non contestées pour conduire les bestiaux aux pâturages, emportent l'étendue et la largeur suffisantes pour faire passer le troupeau de la ferme; cette largeur est ordinairement de dix mètres. (Leguay, page 71).

Toutefois, en raison de l'amélioration de la culture, la largeur des traites ne dépasse plus aujourd'hui la largeur des chemins ordinaires qui est de 3 à 5 mètres.

Dans les prairies d'une seule tenue et qui appartiennent par parcelles à plusieurs, le passage s'exerce les uns sur les autres pour les parcelles enclavées, sans indemnité.

L'usage reconnaît les prairies fauchables en juin pour les prés hauts, et en juillet et août pour prés bas et de rivière (prés à deux herbes); à ces époques, on peut passer les uns sur les autres pour les dessertes des diverses parcelles contiguës, et les propriétaires sur lesquels le passage s'exerce doivent faire faucher. Le propriétaire qui n'aura pas fauché ou qui aurait substitué une autre culture n'en devrait pas moins laisser passer sans indemnité.

ÉTANGS

L'étendue de l'étang est déterminée par la hauteur des eaux dans les crues ordinaires.

A cette règle d'appréciation, empruntée au texte de l'article 558 du code civil, se joint un autre mode d'appréciation qui constitue un usage.

On admet en effet assez généralement un niveau pris à la partie la plus basse de la chaussée de l'étang, ou bien aussi à dix centimètres au-dessus du fond de la tranchée.

La chaussée et la rechaussée ou contre-chaussée font partie de l'étang.

La largeur de la chaussée est égale à la base de la chaussée prise de l'extrémité du coffrage en avant du système d'obturation ou bonde à l'extrémité de l'auge en aval, côté de la sortie des eaux. La largeur de la rechaussée n'est que de moitié de cette base ainsi mesurée.

Le ruisseau d'écoulement est aussi réputé accessoire de l'étang jusqu'au point où le curage est nécessaire pour l'écoulement des eaux, et par suite le propriétaire, s'il jouit de l'étang, ou le fermier doit l'entretenir jusqu'à cet endroit.

Il en est de même des douves de ce fossé d'écoulement dans une largeur égale à la moitié de celle du fossé, sans que cependant le propriétaire puisse faire usage de ces douves pour y planter.

Dans l'usage, la pêche des étangs se fait du 29 septembre, jour de la Saint-Michel, au 15 ou 20 mars.

La vidange ne peut se faire que par les bondes et issues situées en aval de la bonde principale.

Dans l'usage consacré d'ailleurs par une disposition de la coutume de Blois, le droit de suite du propriétaire de l'étang sur son poisson est admis en cas de crue et d'inondation, mais seulement en remontant et non en descendant.

Le droit de suite peut s'exercer pendant huit jours et le propriétaire de l'étang débordé a même la faculté d'épuiser la fosse de l'étang supérieur, c'est-à-dire le bassin situé immédiatement au-dessous et en aval de la bonde dudit étang pour y retrouver son poisson. Il a même, à cet effet, la faculté d'épuiser la fosse de l'étang situé en amont.

Ce droit de suite peut être également exercé dans les fossés et les fonds des héritages voisins, s'il y a entre l'étang et ces fonds, par suite de la disposition du terrain, communication possible entre eux et l'étang.

Si deux étangs se commandent, c'est-à-dire si les eaux de l'un se déversent dans l'autre, chacun des propriétaires, s'il veut pêcher, doit prévenir le propriétaire de l'étang voisin huit jours à l'avance, pour que le propriétaire inférieur lève la bonde et laisse écouler l'eau qui ne lui est pas nécessaire et pour que le propriétaire supérieur retienne ses eaux jusqu'à ce que l'étang inférieur soit pêché.

L'étang inférieur se pêche ordinairement avant l'étang supérieur.

L'empoissonnement se fait avec des alevins qui prennent le nom de grand pénard, petit pénard, cloupoing et seillée.

La longueur se prend entre l'œil et le bat ou la naissance de la queue. Elle est de 16 centimètres 5 millimètres ou 6 pouces pour le grand pénard ; de 11 centimètres ou 4 pouces pour le petit pénard; le cloupoing est intermédiaire entre la grande seillée et le petit pénard.

La seillée se mesure au boisseau, c'est-à-dire autant qu'il en peut tenir dans un décalitre enfaîté.

Quand l'empoissonnement est acheté au mille, il est d'usage, dans certains endroits, que le vendeur accorde à l'acheteur 10 0/0, mais plus généralement 4 0/0 en sus pour tenir compte de la mortalité possible.

Lorsque les alevins sont achetés au poids, le 4 0/0 en sus

est de droit sans qu'il soit besoin de le stipuler, de même qu'il est de droit pour le poisson marchand.

Si l'étang doit être pêché à un an, on empoissonne avec du grand pénard (16 centimètres 5) ; si l'on pêche à deux ans, on empoissonne avec du petit pénard (11 centimètres).

La quantité de pénard, qui varie suivant la qualité du fond de l'étang, est le plus ordinairement de trois ou quatre cents par hectare.

La pêche se fait généralement tous les deux ou trois ans.

Les étangs grevés de servitudes ne peuvent être mis à sec pour être livrés à la culture ou laissés en friche, qu'une fois tous les neuf ans, c'est-à-dire la neuvième année, et il est admis que la servitude de pacage reprend son cours dans le bassin de l'étang huit jours après l'enlèvement de la récolte s'il est cultivé, et que cette servitude a lieu sans discontinuation à partir du moment où l'étang est laissé en friche.

La valeur du droit de pacage ou pâturage sur un étang est d'après l'usage, égale au tiers de la valeur du fond; s'il y a plusieurs ayants-droit, ce tiers se partage entre eux y compris le propriétaire s'il a également le même droit.

Lorsqu'un fermier à la location d'un étang, il a jusqu'à la fin du mois de décembre pour faire la pêche.

On place dans le coffre en avant de l'œillard une grille destinée à empêcher le poisson de sortir de l'étang lorsqu'il est en vidange.

Cette grille est formée de barreaux et grillons placés de préférence horizontalement et laissant entr'eux un vide ou interstice de 3 à 4 millimètres.

Louage des étangs. — La location verbale des étangs est de durée variable suivant les conventions, soit un an soit deux ans et quelquefois même trois ans suivant la grosseur du petit poisson ou penard avec lequel il a été empoissonné; elle cesse de plein droit à l'expiration du terme pour lequel elle a été consentie tacitement, sans qu'il soit nécessaire de donner congé.

Le fermier entrant qui prend des étangs vides de poissons doit les laisser de même.

Les réparations locatives à la charge des fermiers d'étangs sont les suivantes : entretien de la chaussée ; renouvellement des bois de la bonde et des grilles, curage du canal de fuite ou déchargeur.

FOSSÉS

Celui qui veut se clore au moyen d'un fossé doit prendre, sur son propre terrain, toute l'étendue nécessaire.

Un fossé de clôture doit avoir 1m 33 centimètres (4 pieds), au moins, de large, sur 66 centimètres (2 pieds) de profondeur et 33 centimètres de cuvette.

Celui qui creuse un fossé de clôture, doit laisser entre le bord du fossé et la propriété voisine, un espace sur son terrain, qui varie suivant les localités mais qui est, le plus ordinairement, de 33 centimètres (un pied) ; dans le Cher, de 17 à 50 centimètres, suivant les dimensions du fossé ; cet espace est généralement connu sous le nom de sabotée.

On doit, d'ailleurs, pour la confection d'un fossé non mitoyen, observer le profil dit du tiers-point, c'est-à-dire que la distance à laisser du côté du voisin doit être égale à la profondeur du fossé et à la largeur de la cuvette, qui elle-même est du tiers de l'ouverture.

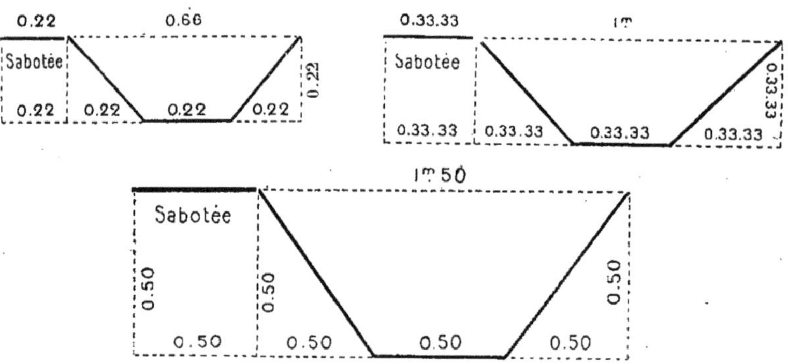

Le profil ci-dessus s'applique à toute excavation faite en rive du voisin, fossé, carrière, marnière, etc., l'espace laissé entre la carrière et la propriété du voisin étant égale à la profondeur de la fouille ; dans tous les cas, il ne doit en résulter aucun préjudice pour le voisin.

Dans le canton de Salbris, les fossés sont de 1 mètre d'ouverture.

S'il existe en rive d'une propriété un fossé avec sabotée de 0 mètre 33, le voisin ne peut creuser un autre fossé latéral d'un mètre qu'en laissant lui-même 0 mètre 33, de façon qu'il y ait entre les deux fossés un espace de 0 mètre 66.

Dans le canton de La Ferté, la sabotée est de 33 centimètres pour un fossé ayant 1^{m} 33 centimètres d'ouverture, 66 centimètres de profondeur, 33 centimètres de largeur de cuvette. Si la profondeur est plus grande, les dimensions de la sabotée sont accrues de 8 centimètres pour chaque excédent de 33 centimètres de profondeur ou portion de 33 centimètres.

Les pentes doivent être réglées à 45 degrés. (*Usages du Loiret, arrondissement d'Orléans*, page 64).

Il est de présomption que celui des deux voisins du côté duquel se trouve le talus ou ados est propriétaire du fossé.

Sauf la preuve contraire, les arbres complantés sur les talus, dans le fossé ou sur la sabotée, appartiennent au propriétaire de ce fossé.

L'usage de laisser des baunes ou bosnes (1) de largeur variable est pratiqué dans le canton de Salbris ; quand elles sont boisées, elles deviennent des scevaux réputés communs, quelle que soit leur largeur, etexploités comme tels.

Dans le canton d'Aubigny on laisse entre les deux héritages non clos une langue de terrain vague d'environ un mètre qu'on appelle aussi baune et qui est mitoyenne.

Si le fossé est mitoyen, les arbres accrus dedans appartiennent aux propriétaires voisins par moitié et ceux accrus sur le talus au propriétaire du talus nourricier.

Quand un propriétaire s'est clos par haie et fossé, le fossé doit être en dehors de la haie, par rapport à l'héritage du

(1) Le mot baune ou bosne est un vieux mot français qui veut dire borne.

voisin, c'est-à-dire que c'est le fossé qui joint cet héritage, sauf toujours la sabotée.

Les propriétaires voisins d'un chemin vicinal ne peuvent, à moins d'autorisation de l'autorité administrative, ouvrir des fossés à une distance inférieure à 50 centimètres de la limite extrême du chemin. Ces fossés doivent avoir un talus et une cuvette de base.

Il ne paraît pas y avoir un usage fixe relativement à l'entretien des fossés et à l'époque où leur curage doit avoir lieu. Le curage des fossés est obligatoire à chaque emblavure de gros grains et chaque fois qu'on coupe du bois le long des fossés.

Dans le canton de La Ferté-Saint-Aubin, le curage et l'entretien doivent suivre l'assolement des terres labourables, ceux des prés doivent être faits tous les trois ans.

Les rigoles des prés doivent être curées tous les ans.

HAIES

Lorsque, entre deux héritages voisins, l'un est entièrement enclos de toutes parts par des haies sèches ou vives et que l'autre ne l'est que du seul côté du voisin, la présomption est que le propriétaire du terrain entièrement clos de haies est seul propriétaire de la haie séparative.

Les haies vives se plantent à cinquante centimètres du sol de l'héritage voisin, les haies sèches sur le dernier pouce du terrain.

La hauteur des haies vives est de un mètre 30 centimètres, l'épaisseur ne doit pas excéder 50 centimètres.

La tonte des haies doit se faire chaque année en hiver.

Une haie est mitoyenne lorsqu'elle est plantée par les deux propriétaires limitrophes qui ont fourni chacun la moitié du terrain planté ; entre une terre et un bois, lorsqu'il s'agit d'héritage non clos, la haie est réputée dépendre des bois qu'elle protège contre les animaux.

En cas de suppression de la haie soit par la volonté des parties, soit par usure des plants, on laisse ordinairement subsister des arbres à haute tige qui sont arrasés à une hauteur variant de 50 centimètres à un mètre et qu'on nomme *marmenteaux ;* ces arbres sont laissés pour servir de bornes.

Dans certaines parties de la Sologne les propriétaires prennent l'habitude de se clore par des arbres feuillus de toutes essences dont on entaille les branches à la serpe de façon à les courber. Ces arbres ainsi courbés prennent le nom de plaisses ou plesses.

Ces haies vives sont ordinairement coupées tous les neuf ans par les fermiers. Elles sont alternativement coupées par les propriétaires entre lesquels ces haies sont mitoyennes, en observant, pour chacun d'eux, la pousse de neuf ans.

Les plaisses communes se font en commun et non à tour de rôle dans le canton de Salbris.

Les cultures des propriétaires riverains s'arrêtent à 50 centimètres du milieu de la haie.

Avant le Code civil et suivant les coutumes qui régissaient la Sologne entre héritages non clos, la haie était censée plutôt au propriétaire du pré qu'au propriétaire de la vigne, de la terre et du bois, et plutôt au propriétaire de la vigne qu'à celui de la terre et du bois.

Entre deux prés ou deux vignes elle était réputée mitoyenne.

JOUISSANCE DES BIENS GREVÉS D'USUFRUIT ET DE LA CHOSE LOUÉE

Les terres composant une ferme ou un domaine sont assolées comme nous l'avons déjà dit soit par tiers, soit par quart, mais généralement par tiers en Sologne. La première année on fume en mettant un seigle ou un autre gros grain, froment, avoine d'hiver, orge d'hiver; la deuxième année on sème l'avoine sans fumure; la troisième année la terre est laissée au repos, la plupart du temps on sème en même temps que l'avoine un fourrage artificiel dont une partie est destinée à être fauchée et fanée et l'autre partie réservée comme pâturage. Les prairies de légumineuses sont souvent conservées deux ans. La culture suivante comporte les pommes de terre et autres légumes, suivie d'une emblavure de gros grains.

Les façons des terres sont au nombre de trois dans la grande culture et ce non compris l'emblavure : 1° la levée des guérets, 2° le labourage, 3° le rebinage.

La fumure est obligatoire pour chaque emblavure de gros grains : il n'y a pas de règle à suivre sur la quantité de fumier à mettre dans les terres par hectare, dans certains pays elle est réputée être de 15 mètres à l'hectare, dans d'autres de 40 mètres.

Les prés doivent être tenus nets de taupinières et d'accrues nuisibles.

Les pailles, litières, foins, fourrages, balles et ventins ne peuvent être vendus ni détournés.

En cas de sinistre des récoltes par suite de grêle ou incendie, ou encore en cas de vente par suite de réquisition, le prix représentant les pailles appartient au propriétaire, à la charge par lui d'en employer le montant à l'achat d'empaillements ou fourrages, ou encore d'engrais à répandre dans les terres.

LOUAGE DES DOMESTIQUES ET OUVRIERS AGRICOLES

Le louage des domestiques attachés à la culture a lieu pour un an, à partir de la Saint-Jean 24 juin, ou, en ce qui concerne les charretiers, pour les quatre mois ou pour les huit mois ; le maître donne des arrhes et s'il refuse dans la suite de recevoir le domestique, il les perd. Si c'est le domestique qui se dédit il doit remettre au maître le double des arrhes qu'il a reçues.

Le domestique attaché à la culture ne peut quitter son maître et celui-ci ne peut le congédier qu'à l'expiration de l'année de louage (1); il n'en est pas de même pour les domestiques attachés à la personne, chacune des parties peut rompre le contrat quand bon lui semble. Si c'est le maître qui donne congé il peut exiger de son domestique qu'il reste huit jours pour lui permettre de trouver un remplaçant, ou le renvoyer de suite en lui payant la valeur de ses huit jours sans rien ajouter pour la nourriture, le logement et le blanchissage.

Si c'est le domestique qui donne congé sans vouloir faire ses huit jours, le maître peut en retenir la valeur sur les gages.

Pour les gardes, le délai pour donner congé est d'un mois. Il en est de même pour les serviteurs attachés à la personne s'ils sont loués à l'année.

Le tout, à moins que le congé ne soit nécessité de part et d'autre pour un motif très sérieux.

Dans le canton de Salbris le domestique de ferme peut se délier de son engagement en remettant au maître comme partout ailleurs le double des arrhes qu'il a reçues, mais seulement dans les 24 heures, ou au moins avant son entrée en service ;

---

(1) Un domestique de ferme ayant quitté sa place pendant la moisson sans motif sérieux a été condamné à payer une indemnité en sus des huit jours.

passé ce temps, il est dû au maître une indemnité qui se règle suivant le préjudice causé.

Bien que les domestiques agricoles louent comme on vient de le voir leurs services pour un an, si le louage n'a commencé qu'à la Toussaint, il est réputé fait pour huit mois en ce qui concerne les charretiers.

Dans le canton de La Ferté, le silence du maître et du domestique, après le délai fixé plus haut de 24 heures, opère de plein droit la tacite reconduction ; il en est différemment dans ceux de Jargeau et Beaugency.

Il n'est pas d'usage fixe dans le canton de Cléry, pour le paiement des gages.

Le terme d'été de 129 jours est dans leur répartition considéré comme l'équivalent de celui d'hiver de 236 jours.

L'année ou les huit mois une fois commencés, l'engagement subsiste pour toute la durée convenue sans que le domestique puisse quitter la ferme ou en être congédié à moins de motifs graves et sérieux.

Aux gages en argent qui sont donnés aux domestiques s'ajoutent quelquefois de menus objets de vêtements ou autres.

Dans le canton de Salbris les bergères reçoivent en outre une brebis bonne à faire de l'agneau en sorte qu'elles ont toujours dans le troupeau un certain nombre de bêtes à laine.

Dans le même canton les bergères prennent, chaque année de gages, une agnelle bonne à faire de l'agneau qui est mise dans le troupeau des mères brebis. Ces animaux sont appelés bêtes de marque. Les bergères en sont propriétaires, ainsi que de leur croît. Le nombre que peut posséder une bergère dans le troupeau ne peut excéder dix.

Les ouvriers tuiliers et briquetiers sont loués pour une campagne qui commence en mars et se termine à la fin de novembre.

MESURES AGRAIRES

Il est encore en usage en Sologne, chez les cultivateurs et ouvriers agricoles de se servir des mesures agraires anciennes ; il nous a donc paru intéressant de faire connaître ces mesures.

L'arpent est composé de cent perches carrées, mais l'arpent n'a pas la même superficie partout ; son étendue dépend de la longueur de la perche, qui n'est pas partout la même ; de là des différences assez sensibles dans la comparaison de l'arpent avec les mesures actuelles de superficie.

Ainsi dans certaines communes de l'arrondissement de Blois qui font partie de la Sologne, la perche étant de 22 pieds l'arpent représente 51 ares 07 se divisant en douze boisselées de 4 ares 26.

Dans le canton de Romorantin, l'arpent est de 60 ares pour les terres et les bois ; pour les vignes il comprend 8 journaux ou journées de 7 ares 60 centiares ; pour les prés en 2 journaux. Le journal de pré est de 30 ares 40 centiares se divisant en 4 boisselées de 7 ares 60 centiares.

Dans le canton de Jargeau l'arpent représente 42 ares 20 comme dans une partie du canton de Lamotte.

Dans le canton de Neung sur Beuvron la perche étant de 22 pieds, l'arpent donne 51 ares 07 se divisant en 6 boisselées de 8 ares 51 chacune.

La mesure adoptée par la coutume, est pour les terres, la septerée contenant un arpent un tiers, à la perche de 22 pieds, soit 68 ares 09 se divisant en 8 boisselées de 8 ares 51, et pour les prés, le journal contenant les deux tiers de l'arpent ou 34 ares 05 et se divisant en demi, quart, demi-quart, tiers, sixième, etc...

A Souvigny et à Chaon la perche étant de 22 pieds, l'arpent représente 51 ares 07 se divisant en deux demi-arpents, quatre quartiers, huit demi-quartiers, etc... Le demi-quartier égale 6 ares 38.

La mesure coutumière est, pour les terres, la minée contenant 80 perches de 22 pieds ou les 4/5 de l'arpent, ce qui donne 40 ares 86 se divisant en 8 boisseaux de 5 ares 11 et pour les prés, la journée équivalant aux 3/5 du dit arpent 30 ares 64 et se divisant en huitièmes de 3 ares 83.

A Lamotte-Beuvron la perche étant de 20 pieds, l'arpent équivaut à 42 ares 21 se divisant en six boisselées de 7 ares 94.

La mesure adoptée par l'usage est, pour la terre, la septerée contenant un arpent 1/3 soit 56 ares 28 divisée en 8 boisselées de 7 ares 07 ; pour les vignes l'arpent se divise en 12 journaux de 3 ares 52 et pour les prés la journée contenant un demi-arpent 21 ares 10 centiares.

Dans le canton de la Ferté la journée de prairie est de 28 ares.

Dans le canton de Salbris on se sert aussi de la journée pour les prairies, elle est de 25 ares soit quatre à l'hectares.

Dans le canton de Neung la journée est de 33 ares.

MESURES SUIVIES DANS L'EXPLOITATION DES BOIS

La corde parée de chêne est de quatre stères, la longueur de la bûche étant de 1m 14, le bois est dressé sur une largeur de 5m 33 et sur une hauteur de 0m 66.

Dans le canton de Salbris la bûche à 1m 14, la hauteur est de 1m40 la couche de 2m67, mais la corde est, on peut dire, toujours dédoublée de hauteur et mesure 1m 14 sur 0m 70 de haut et 5m 33 de longueur, elle cube 4m 215 décimètres. On dit des cordes ainsi dédoublées que ce sont des cordes trainées, on ne dresse pas autrement le bois.

Pour le bois de souches et de racines la corde mesure 1m 33 de large, 1m 33 de haut et 2m 66 de couche.

La charbonnette se vend par corde de 3 stères 30, mais cette mesure est extrêmement variable; dans le canton de Salbris, la longueur du bois est de 0m 70, la hauteur 0m 70 et la longueur de la corde 5m 33; dans le canton de La Ferté, la longueur est de 0m 72, dans d'autres endroits elle est même de 0m 66.

Bourrées dites parées, 0m 60 de circonférence au milieu et 1m 50 de longueur.

Brigot, la longueur est de 1m 76, la grosseur 0m 85.

Bourrées de chêne, au pied grosseur 0m 83, rarement 1m 50 de longueur.

Pour le sapin la dimension des cordes de cotrets est de 4m 56 de long sur 1m 14 de hauteur et de largeur.

Cette corde comprend 5 stères 92, elle est comptée dans les marchés pour 6 stères; elle est livrée soit en bois fendu, soit en rondins et presque toujours écorcée.

Le pourtour des cotrets varie de 0m 72 à 0m 75 et en dessous pour le sapin et le bouleau; depuis quelques années les cotrets sont livrés à la boulangerie à la dimension de 0m 66 à 0m 68.

On fait depuis quelque temps des cordes qui n'ont que $0^m 57$ de longueur de brin.

Les bois de mine se vendent soit au stère, soit au mètre cube réel, soit à la pièce.

Les étais, livrés verts et non écorcés, se vendent au poids (1).

---

(1) Ces mesures qui présentent une grande diversité tendent à disparaître pour être remplacées utilement par l'emploi des mesures légales.

On trouvera plus loin, page 61, trois tableaux de cubage de bois en grume reproduits d'après l'Agenda de la *Société forestière de Franche-Comté et de Belfort.*

PROPRIÉTÉ INDIVISE ET COMMUNE
PUITS COMMUNS — FOSSES D'AISANCES

Les grosses réparations des puits et fosses d'aisances sont supportées par égale portion entre les co-propriétaires.

Quant à ce qui concerne l'entretien et le renouvellement de la corde ou de la chaîne du puits à eau cette dépense est supportée par têtes entre les usagers.

SERVITUDES

Nous n'avons pas l'intention de nous occuper des servitudes qui font l'objet des dispositions contenues dans le titre IV, Livre II du Code civil, nous mentionnerons seulement qu'on ne peut par l'usage, même plus que trentenaire, acquérir une servitude discontinue, passage, pacage, puisage alors qu'on peut perdre un droit de ce genre par le non-usage pendant trente ans.

Les eaux résiduaires, les eaux nuisibles ne peuvent en l'absence d'un titre, d'une prescription spéciale ou de la destination du père de famille, être envoyées seules ou mêlées aux eaux pluviales sur les fonds voisins, sous le prétexte qu'ils sont grevés de la servitude d'écoulement.

VAINE PATURE ET PARCOURS

La vaine pâture est le droit réciproque que les habitants d'une même commune ont d'envoyer leurs bestiaux paître sur les terres des uns et des autres lorsqu'elles sont dépouillées de tous fruits ou semences (loi du 28 septembre 1791, titre I, section 4).

Le parcours est le droit qu'ont réciproquement les habitants de deux ou plusieurs communes voisines, d'envoyer leurs bestiaux paître sur leurs territoires respectifs en temps de vaine pâture.

Il ne paraît pas que le droit de parcours soit en usage dans la Sologne, mais il n'en est pas de même de la vaine pâture dont les conditions ont été réglées par un arrêté préfectoral en date du 16 décembre 1843.

Ce droit s'exerce entre co-propriétaires sur les bruyères et pâtures indivises dépendant de leurs propriétés, il cesse par le partage quand il est demandé et opéré.

Une loi du 29 juillet 1889 a aboli tout à la fois le droit de parcours et celui de vaine pâture, à moins qu'il n'appartienne à la généralité des habitants et s'applique en même temps à la généralité d'une commune ou d'une section de commune.

Toutefois, et ce sont les termes mêmes de l'article 2 de ladite loi que nous analysons, dans l'année de la promulgation de la présente loi, le maintien du droit de vaine pâture fondé sur une ancienne loi ou coutume, sur un usage immémorial ou sur un titre, pourra être réclamé au profit d'une commune, soit par une délibération du Conseil municipal, soit par requête d'un ou de plusieurs ayants-droit adressée au Préfet. Une nouvelle loi du 22 juin 1890 est venue modifier la loi du 9 juillet 1889 ; l'article dont nous venons plus haut de reproduire textuellement les termes a été particulièrement abrogé et remplacé par les dispositions suivantes :

Le droit de vaine pâture, appartenant à la généralité des habitants et s'appliquant en même temps à la totalité du territoire d'une commune, cessera de plein droit un an après la promulgation de la présente loi.

Toutefois, dans l'année de cette promulgation, le maintien du droit de vaine pâture fondé sur une ancienne loi ou coutume, ou sur un usage immémorial, ou sur un titre pourra être réclamé au profit d'une commune ou d'une section de commune, soit par délibération du Conseil municipal, soit par requête d'un ou plusieurs ayants-droit adressée au Préfet.

En cas de réclamation particulière, le Conseil municipal sera mis en demeure de donner son avis dans les six mois, à défaut de quoi il sera passé outre.

Si la réclamation, de quelque façon qu'elle se soit produite, n'a pas été, dans l'année de la promulgation de la loi, l'objet d'une décision, conformément aux dispositions du paragraphe 1er de l'article 3 de la loi du 9 juillet 1889, la vaine pâture continuera à être exercée jusqu'à ce que cette décision soit intervenue.

VENTE

Les boulangers pour leurs fournitures, les ouvriers pour certains travaux faits à la journée, à la corde pour le bois, au cent pour les cotrets et bourrées, font usage de *tailles*, mais la taille ne fait pas loi pour les bois.

La marque du marteau de l'acheteur sur le bois acheté, ainsi que la marque d'un instrument spécial au commerce de vins appelé *rouanne* sur les pièces de vin, vinaigre et eau-de-vie emporte livraison.

La marque doit être apposée dans la quinzaine qui suit l'accord entre les parties.

Dans les ventes foraines, surtout pour les achats des bestiaux, les stipulations du prix définitif se concluent de la part de l'acheteur et du vendeur en se frappant mutuellement dans la main (1).

Il est d'usage que les bouchers marquent les bestiaux achetés en traçant avec des ciseaux des empreintes dans les poils.

On admet généralement dans nos contrées que les grains (c'est-à-dire les blés, seigles, orges et avoines) sont réputés n'être plus en vert à partir du 11 juin, jour de la saint Barnabé; c'est par conséquent à partir de cette époque qu'on a coutume de traiter des ventes de récolte sur pied ou qu'il est permis de les saisir conformément aux dispositions de l'article 626 du code de procédure civile.

Le délai pour le retirement des marchandises vendues est de huit jours pour les bestiaux; le blé et les autres céréales, que la vente ait eu lieu sur échantillon ou non, doivent être enlevés dans la huitaine.

Dans la région de Salbris, il est d'usage constant, dans les

(1) Il est encore question dans les foires de pistoles et d'écus. La pistole vaut dix francs, l'écu, trois francs.

ventes de moutons, de décompter un droit marchand de 4 0/0 au profit de l'acheteur.

Si les bêtes sont vendues sans droit marchand, elles sont dites en *raie*.

Il est d'usage de vendre les moutons à la pièce ou à la paire suivant les cantons, les dindons à la douzaine.

Pour les veaux et les porcs, on rabat une livre par pied, c'est-à-dire deux kilos sur le poids total.

VIGNES

Fumure. — Dans certains cantons, notamment dans celui de Bracieux, on fume tous les quatre ans.

Dans les environs de Romorantin, tous les trois ans.

Dans les cantons de Blois et de Contres, où se cultivent les vignes blanches dites de Sologne, la fumure n'a lieu que tous les sept ou huit ans.

La quantité de fumier à employer est généralement de 7 mètres cubes 0 33 par 5 ares 06, soit 144^{m} 80 par hectare. A Romorantin, la fumure, se faisant tous les trois ans, la quantité est de 3 à 4 mètres cubes par 5 ares 0 6 et, le plus souvent, de deux mètres cubes tous les deux ans.

Échalas. — Les échalas dans les endroits où ils sont encore conservés sont le plus habituellement en chêne fendu d'une longueur de $1^{m}20$ à $1^{m}60$ et un diamètre de $0^{m}05$; on emploie aussi des échalas d'acacias, de châtaîgniers et même de bois blanc sulfaté ou durci au feu.

Dans l'usage on emploie une botte d'échalas dans les vignes par chaque 5 ares 06, chaque année, soit un mille d'échalas par hectare.

Façons. — Les façons en usage diffèrent selon que les vignes sont à échalas ou sans échalas.

Les vignes à échalas comprennent généralement les vignes blanches des cantons de Contres et de Blois-Ouest et les arrondissements de Bourges et de Sancerre.

Pour les vignes à échalas, les façons sont au nombre de dix dans les environs de Romorantin : 1° arracher les échalas ; 2° curer, 3° tailler, 4° déchausser, 5° ployer, 6° marer, 7° relever, 8° remarer, 9° repasser, 10° rechausser.

Dans les autres cantons de la Sologne de Loir-et-Cher, elles sont au nombre de huit.

Dans les arrondissements de Bourges et de Sancerre les façons conformément à l'article 8 du titre 15 des coutumes du Berry sont les suivantes :

1° La taille, 2° le piochage qui se fait avant ou après la taille, 3° le binage au mois de mai après la pose des échalas, 4° le pliage et l'accolage, 5° le rebinage à la fin de juin.

A Romorantin, la distance des ceps entre voisins est d'un mètre, lorsqu'il existe un droit de passage, à défaut de ce droit la distance est de 0^m 65 seulement.

Le provinage ou le renouvellement des vieux plants par des plants nouveaux se fait en empruntant aux ceps les plus voisins et qui sont encore doués de vigueur, une viette qu'on couche dans le sol et qui pour cela s'appelle fosse dans la Sologne de Loir-et-Cher et provin dans le Cher.

Dans les arrondissements de Bourges et de Sancerre, il doit être fait chaque année en moyenne cent soixante provins au moins par hectare et ils doivent être fumés.

Dans certaines vignes, selon la nature du sol, le renouvellement de ceps morts ou détériorés se fait en plantant à nouveau des plants de vignes dans les interstices ou vagues, ces plants, s'empruntant lors de la taille aux sujets les mieux venants, dont on les détache pour les enfouir en terre, isolément les uns à côté des autres jusqu'à l'époque de la plantation.

Ces usages ne s'appliquent par la force des choses qu'aux vignes anciennes, c'est-à-dire plantées de ceps non greffés.

TABLEAUX DE CUBAGE DES BOIS EN GRUME

Nous croyons être utile à nos lecteurs en publiant ici deux tableaux de cubage permettant de connaître le cube réel d'un cylindre d'après le diamètre et d'après la circonférence ;

Tableau I

CUBAGE CYLINDRIQUE

VOLUME DE CYLINDRES D'UN MÈTRE DE HAUTEUR ET D'UN **diamètre** VARIANT DE CENTIMÈTRE EN CENTIMÈTRE

DIAMÈTRE	VOLUME en mètres cubes	DIAMÈTRE	VOLUME en mètres cubes	DIAMÈTRE	VOLUME en mètres cubes	DIAMÈTRE	VOLUME en mètres cubes
0.10	0.008	0.40	0.126	0.70	0.385	1.00	0.785
0.11	0.010	0.41	0.132	0.71	0.396	1.01	0.801
0.12	0.011	0.42	0.139	0.72	0.407	1.02	0.817
0.13	0.013	0.43	0.145	0.73	0.419	1.03	0.833
0.14	0.016	0.44	0.152	0.74	0.430	1.04	0.849
0.15	0.018	0.45	0.159	0.75	0.442	1.05	0.866
0.16	0.020	0.46	0.166	0.76	0.454	1.06	0.883
0.17	0.023	0.47	0.173	0.77	0.466	1.07	0.899
0.18	0.025	0.48	0.181	0.78	0.478	1.08	0.916
0.19	0.029	0.49	0.189	0.79	0.491	1.09	0.933
0.20	0.031	0.50	0.196	0.80	0.503	1.10	0.950
0.21	0.035	0.51	0.204	0.81	0.515	1.11	0.963
0.22	0.038	0.52	0.212	0.82	0.528	1.12	0.985
0.23	0.042	0.53	0.221	0.83	0.541	1.13	1.003
0.24	0.045	0.54	0.229	0.84	0.554	1.14	1.021
0.25	0.049	0.55	0.238	0.85	0.567	1.15	1.039
0.26	0.053	0.56	0.246	0.86	0.581	1.16	1.057
0.27	0.057	0.57	0.255	0.87	0.594	1.17	1.075
0.28	0.062	0.58	0.264	0.88	0.608	1.18	1.094
0.29	0.066	0.59	0.273	0.89	0.622	1.19	1.112
0.30	0.071	0.60	0.283	0.90	0.636	1.20	1.131
0.31	0.075	0.61	0.292	0.91	0.650	1.21	1.150
0.32	0.080	0.62	0.302	0.92	0.665	1.22	1.169
0.33	0.085	0.63	0.313	0.93	0.679	1.23	1.188
0.34	0.091	0.64	0.322	0.94	0.694	1.24	1.208
0.35	0.096	0.65	0.332	0.95	0.709	1.25	1.227
0.36	0.102	0.66	0.342	0.96	0.724	1.26	1.247
0.37	0.108	0.67	0.353	0.97	0.739	1.27	1.267
0.38	0.113	0.68	0.363	0.98	0.754	1.28	1.287
0.39	0.119	0.69	0.374	0.99	0.770	1.29	1.307

Tableau II

CUBAGE CYLINDRIQUE

VOLUME DE CYLINDRES DE 1 MÈTRE DE HAUTEUR ET DE circonférences VARIANT DE 2 EN 2 CENTIMÈTRES

CIRCONFÉR.	VOLUME en mètres cubes	CIRCONFÉR.	VOLUME en mètres cubes	CIRCONFÉR.	VOLUME en mètres cubes	CIRCONFÉR.	VOLUME en mètres cubes
0.30	0.007	0.78	0.048	1.26	0.126	1.74	0.241
0.32	0.008	0.80	0.051	1.28	0.130	1.76	0.246
0.34	0.009	0.82	0.054	1.30	0.134	1.78	0.252
0.36	0.010	0.84	0.056	1.32	0.139	1 80	0.258
0.38	0.011	0.86	0.059	1 34	0.143	1.82	0.264
0.40	0 013	0.88	0.062	1 36	0.147	1.84	0 269
0.42	0.014	0.90	0.064	1 38	0.151	1.86	0.275
0.44	0.015	0 92	0.067	1.40	0.156	1.88	0 281
0.46	0.017	0.94	0 070	1.42	0.160	1.90	0.287
0.48	0.018	0 96	0.073	1.44	0.165	1 92	0.293
0.50	0.020	0.98	0.076	1.46	0.170	1.94	0.299
0.52	0 022	1 00	0.080	1.48	0.174	1.96	0.306
0.54	0.023	1.02	0.083	1.50	0.179	1.98	0.312
0.56	0.025	1.04	0.086	1.52	0.184	2.00	0.318
0.58	0.027	1.06	0.089	1.54	0 189	2 02	0.325
0 60	0.029	1.08	0.093	1.56	0.194	2.04	0.331
0.62	0.031	1.10	0.096	1.58	0.199	2 06	0.338
0.64	0.033	1.12	0.100	1.60	0.204	2 08	0.344
0.66	0.035	1.14	0.103	1.62	0.209	2.10	0.351
0.68	0.037	1.16	0.107	1.64	0.214	2.12	0.358
0 70	0.039	1.18	0.111	1.66	0.219	2.14	0 364
0 72	0.041	1.20	0.115	1.68	0.225	2.16	0 371
0.74	0 044	1.22	0.118	1.70	0.230	2.18	0.378
0.76	0.046	1.24	0.122	1.72	0.235	2.20	0.385

Tableau II (*Suite*)

CUBAGE CYLINDRIQUE

VOLUME DE CYLINDRES DE 1 MÈTRE DE HAUTEUR ET DE **circonférences** VARIANT DE 2 EN 2 CENTIMÈTRES

CIRCONFÉR.	VOLUME en mètres cubes	CIRCONFÉR.	VOLUME en mètres cubes	CICONFÉR.	VOLUME en mètres cubes	CIRCONFÉR.	VOLUME en mètres cubes
2.22	0.392	2.70	0.580	3.18	0.805	3.66	1.066
2.24	0.399	2.72	0.589	3.20	0.815	3.68	1.078
2.26	0.406	2.74	0.597	3.22	0.825	3.70	1.089
2.28	0.414	2.76	0.606	3.24	0.835	3.72	1.101
2.30	0.421	2.78	0.615	3.26	0.846	3.74	1.113
2.32	0.428	2.80	0.624	3.28	0.856	3.76	1.125
2.34	0.436	2.82	0.633	3.30	0.867	3.78	1.137
2.36	0.443	2.84	0.642	3.32	0.877	3.80	1.149
2.38	0.451	2.86	0.651	3.34	0.888	3.82	1.161
2.40	0.458	2.88	0.660	3.36	0.898	3.84	1.173
2.42	0.466	2.90	0.669	3.38	0 909	3.86	1.186
2.44	0.474	2.92	0.679	3.40	0.920	3.88	1.198
2.46	0.482	2.94	0.688	3.42	0.931	3.90	1.210
2.48	0.489	2.96	0.697	3.44	0.942	3.92	1.223
2.50	0.497	2.98	0.707	3.46	0.953	3.94	1.235
2.52	0.505	3.00	0.716	3.48	0.964	3.96	1.248
2.54	0.513	3.02	0.726	3.50	0.975	3.98	1.261
2.56	0.522	3.04	0.735	3.52	0.986	4.00	1.273
2.58	0.530	3.06	0.745	3.54	0.997		
2.60	0.538	3.08	0.755	3.56	1.009		
2.62	0.546	3.10	0.765	3.58	1.020		
2.64	0.555	3.12	0.775	3 60	1.031		
2.66	0.563	3.14	0.785	3.62	1.043		
2.68	0 572	3.16	0.795	3.64	1.054		

TABLE ALPHABÉTIQUE

TABLE DES MATIÈRES

Orléans — Imp. Aug. Gout et Cie

www.ingramcontent.com/pod-product-compliance
Ingram Content Group UK Ltd.
Pitfield, Milton Keynes, MK11 3LW, UK
UKHW021005200726
13857UKWH00004B/1277

9 782012 859845